建筑第一课

——建筑学新生专业入门指南

袁 牧 著

中国建筑工业出版社

LESSONONEO
LESSONONEO
LESSONONEO
LESSONONEO
LESSONONEO

ARCHITECTURE
ARCHITECTURE
ARCHITECTURE
ARCHITECTURE
ARCHITECTURE

喜读《建筑第一课 —— 建筑学新生专业入门指南》

　　袁牧博士曾和我有过一段"教学相长"的师生之谊；在清华园朝夕相处中，我对他突出的印象是：他能够主动地生动活泼地而又持之以恒地学习。现在他将自己的经验和体会——包括他自己的大学学习，当然也自然地融合了他就读时学习团队的，以及他担任博士生助教的教学经验——整理出来，奉献给刚刚走入建筑学专业学习殿堂的莘莘学子，以使后来者少走弯路。无论如何，这是非常好的一件事。

　　在学校里学习，显然要读书。高尔基说"书籍是人类进步的阶梯"。中国的先哲也有"开卷有益"之说。然而读什么书，怎么读书，实践起来又免不了茫然。袁牧撰写的《建筑第一课——建筑学新生专业入门指南》（以下简称《指南》），从心理准备、基础知识，一直到专业路线，相当完整地为初入门的建筑学学子们提供了一个相当丰富而又可行的参照。指南，指南，我需要在这里提醒读者的是：既不能把这本书仅仅看作是工具书，也不能把它当作规范。《指南》里沁透着"入门"的理念和精神。有一些文字值得读者玩味。例如，作者写道："特别是要注意，人生必然随时代而发展，不要给别人或自己随意贴上固定的标签，而是保持开放和实事求是的态度，持续而稳定地进化自己。把握立场和方法并不是这个时代的新问题，但在这个信息爆炸，诱惑和机会都特别多的时代，这个问题尤其显得重要。"

　　把书本上先贤先哲们的知识变成自己的理念、眼界、修养乃至技巧，总要经过一段思索、实践和验证的过程，如同每天进食，它们变成你的能量和机能，首先要转化成各种易于消化吸取的"酶"。故而"食古不化"不行，"食今不化"也不行，"囫囵吞枣"不行，"穿肠而过"更不行。这一点，在学校学习过程中许多环节如实习、实验、调查、毕业设计包括业余"打工"挣钱，仅仅只能说是让你知道"入门"；这真正的"门"是什么，顶多只知道"门"在哪里；是否被"师父领进门"了，还很难说。真正"入门"，还是在毕业后的实际工作中。诚如作者一再强调的"建筑学终究是一门实践学科，亲历亲为的实践至关重要。"

《指南》这本书，像是和读者娓娓谈心，读起来亲切、实在，无故弄玄虚、哗众取宠的时弊，体现了作者严肃和真诚。作者在"前言"中还写了一段"负责和免责声明"，实际上也就是我们熟知的一句话"尽信书不如无书"。对待任何文章，即使是经典之作，也应当抱着"站在书上读书"的态度。

作为《指南》这本书最早的读者之一，也作为与袁牧博士有过"教学相长"的"老"朋友，说了以上一些话权以为《序》，借机和各位读者交流。

单德启
2011 年 6 月于清华园

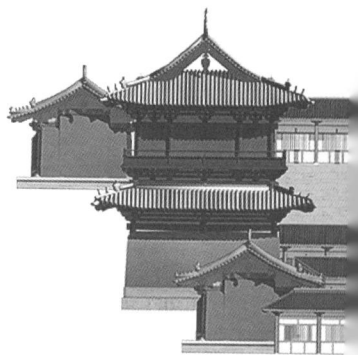

前言

1. 写作目的、主要内容和适用对象

很久很久以来，建筑学专业的新同学们普遍地要经历一个"困惑"的阶段，对建筑学（尤其是建筑设计）如何学习、学习什么感到困惑。而困惑之后，或因无奈而颓废，或放弃思考，或兴趣转向其他，当然也有同学能够在挣扎之后豁然开朗。可惜据我所知，最后一类结果在本科阶段能达到的实属少数。

解除困惑最有效的方法莫过于广泛地获得知识。本书主要介绍建筑学专业在入门阶段所需要了解的知识体系的概况，作为进一步深入学习的指导。

我理解的大学本科教学，应该以传授方法、引导方向和建立系统知识框架为主要目标。大量具体的知识需要学生自主学习，这是和中小学教育主要不同之处。能不能进行有效的自学对大学学习有决定性意义。

自学的前提是需要教师给出基本的方向引导和系统的知识框架，而学生自学主要依靠阅读书籍（现场实践学习虽然同等重要甚至更重要，但由于总体教学制度和经济条件的制约很难操作，只好暂且搁置），所以对于学生的指导应该详细到书目，并对这些书目的基本内容给予说明和评价，这也是本书力图达到的精度。从可操作性出发，本书的推荐书目只推荐基本中的基本，以免新手无所适从。

本书适用建筑学本科一至三年级同学参考，主要侧重建筑学基础和建筑设计，关于城市的内容不过多涉及，因为既非本人专业方向，也不是新生特别需要了解的。

2. 负责和免责声明以及阅读本书应有的态度

作为给初学者的指导，本书力求公允、客观并具有充分的包容性。所以很多内容并非本人的独特见解，而是整理和细化了长久以来得到普遍承认的建筑教育的观点和方法。这些基本的指导

思想常常可以在各大院校公开的办学方针以及老一辈建筑教育家的论述中找到。

但是把这些抽象的思想贯彻为同学们日常学习可用的教材，却是我们的建筑学教育多年来应该做到、却一直做得不尽如人意的一项基本工作。教育改革至今仍然是中国社会的大问题，建筑教育的改革尤其复杂。但建筑教育并不只是教师的事情。所谓"教学相长"，学生的思考和反馈对建筑教育至为重要。实际上无论师生，对教学都有一份责任和义务。考虑到很多学生时代的困惑和艰难，对于从事教学多年的教师们实在是很遥远的事情了，我想趁我还离开学校不久、接触企业不深的时候，写这么一本书正是时候。

对于新生教学，高班生的"误导"是一个时常被提及的话题。然而世上没有十全十美的理论，由于人与人的差异，任何其他人的言论都会产生某种程度的误导。任何观点都只是一家之言，但是如果因此就默不作声则知识永远不能进步。

对任何观点都应该取其精华去其糟粕，这是每一个学生对待一切信息（当然包括本书）应该持有的基本态度。有自己的独立思考作为前提，再加上作者在学术上是诚实的，则没有什么观点是误导的。

同时，因为是面向初学者，书中有些文字可能经不起严密的逻辑推敲，但我希望能向未入门者传达那种源于内心的、只可意会不可言传的东西，所以这更像印象派的绘画，不必用写实的标准去衡量。佛家有"以指指月"的比喻，手指并非明月，顺着手指却能看见明月，希望读者能够理解其中真意，而不要拘泥于文字本身。

因此，本人仅对本书的严肃与真诚负责，但对读者阅读本书后的行为及其后果概不负责，望读者谨慎判断。

目录

LESSONONEON
ARCHITECTURE

一、心态上的准备

LESSONONEON
ARCHITECTURE

各位来到建筑系的同学们，都已经跨过了高考的门槛，是中学

教育的成功者；但是在开始学习建筑学这样一门"新鲜"的学科之

前，还有必要在心态上做一些准备。

1. 全面理解建筑学

建筑学是一门古老的学科，内容十分广泛。按照很多学者的观点，建筑学横跨科学、工程、艺术、宗教等人类活动的几乎一切方面。建筑界对建筑学的理论概念和实践领域也有很多争论，具体的理解和操作更是千差万别。

对于建筑学的理解，我们不需要也不可能得到一个简单的结论，而应该将其当作一个长期的课题去研究。宏观上看，可以从两个方面去理解：理论上，需要在人类思想史和艺术史中去把握建筑理论如何演变；实践上则需要在社会经济结构中理解建筑产业，并在建筑行业的产业链中把握建筑设计的地位和作用，则一切明晰可辨。

但这样宽泛的概念对初学者还是难于把握。其实与各位同学最直接相关的是教育部的《建筑学专业学位设置方案》[1]。其中关于建筑学学士学位的要求如下：

---

[1] 国务院学位委员会第十一次会议原则通过，1992 年 11 月 10 日。来源：教育部官方网站。

1. 掌握必备的建筑设计的方法与理论、现代城市规划和城市设计的理论，了解中外建筑的历史和理论、美学理论，了解人的心理、生理行为与建筑内外环境的相关性理论。

2. 掌握必备的建筑结构、建筑技术、建筑设备、建筑安全和建筑材料等知识，以及有关的建筑设计标准与规范；了解有关的建筑经济知识与我国现行的建筑法规，了解我国现行的基本建设程序以及从工程立项到设计施工、竣工验收的全过程，了解与建筑师从业有关的法律、条令和规定。

3. 具有从事实际建筑设计（包括建筑群体、单体、局部、细部设计）所需的能力；具有计算机辅助建筑设计系统的基本知识和操作能力；具有不同设计阶段所需的表达能力；了解建筑师在工程建设的各阶段中所起的作用及其职责；了解组织协调各工种的基本做法和要求。

4. 掌握正确的调研方法，并具有从事建筑专业调研工作的初步能力。

邯郸市博物馆藏
高100cm。

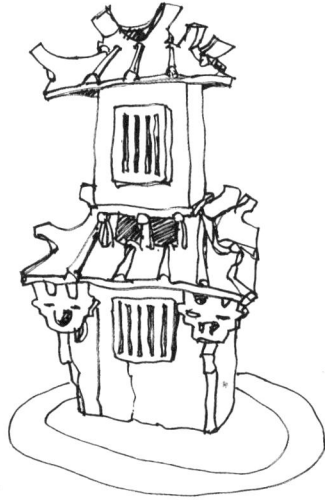

邯郸博物馆明代

这一段文字确实非常全面、精炼、深刻而且前瞻（尤其是考虑到其颁布于近20年前），值得全文摘录。其中每一个要点都包含了太多内涵，新人还是难以把握。所以如果还要更简单直接的话，那么与大家未来的饭碗直接有关的是一级注册建筑师考试的九门科目规定：

1. 设计前期与场地设计（知识）；

2. 建筑设计（知识）；

3. 建筑结构；

4. 建筑物理与设备；

5. 建筑材料与构造；

6. 建筑经济、施工及设计业务管理；

7. 建筑方案设计（作图）；

8. 建筑技术设计（作图）；

9. 场地设计（作图）。

相比抽象的概念，这"独孤九剑"式的九项科目确是中国建筑师必须了解的关键内容，虽然只是获取职业资格的底线而非全部，但已经相当繁杂。有兴趣的同学可以翻看一下考试的有关教材，心里会大概有个底，当然真的翻烂看熟那应该是十年后的事情了。

但这还远不是全部。

仅从可能就业的领域来看，建筑学涉足的领域就已经非常广泛。所谓"大处着眼，小处着手"，建筑设计是建筑师的立身之本，但眼界决不能仅限于建筑设计本身。不管是与建筑设计并列的城市规划、景观设计，还是施工管理、房地产、政府规划建设管理部门甚至金融证券投资银行，都需要建筑学人才。而想进入更广阔就业领域的同学们，也要为之做好更全面的准备，切勿将自己的眼界束缚在建筑设计特别是建筑形式的小范围之中。

（图：建筑行业视野图。建筑形式虽然重要，但毕竟只是建筑单体设计的一部分，而建筑设计在建筑产业中也只是一小部分。而整个建筑产业，又只是社会经济各产业中的一支。建筑学是令人着迷的行业，但也应该放眼整个社会来把握它。）

简而言之，建筑学的真谛蕴含在每一个建筑案例、每一本建筑史、每一个建筑师的传记里，这值得我们用整个建筑生涯去学习和理解。

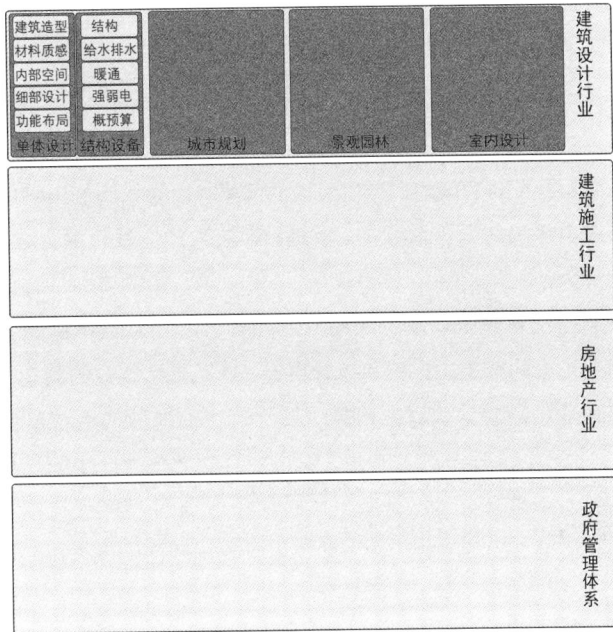

建筑造型	结构				建筑设计行业
材料质感	给水排水				
内部空间	暖通				
细部设计	强弱电				
功能布局	概预算	城市规划	景观园林	室内设计	
单体设计	结构设备				

建筑施工行业

房地产行业

政府管理体系

2. 应试教育的缺陷和因此产生的障碍

　　这是一个令人郁闷的消息：各位考入建筑系的同学们，诸位从前擅长的十八般武艺，赖以战胜高考的利器，很多都要失效了。诸位曾经如鱼得水的学习方法、思维习惯、知识对象很多也将失效，甚至将会成为下一步前进的障碍。因为我国的中学应试教育，是比较狭小和机械的。虽然传授具体的知识并无不妥，但是针对高考的应试思维将难以适应更丰富更复杂的大学学习与就业形势。

　　所以当你对建筑学新的课程、新的学习方式感到不适应、困难、迷茫的时候，先不要急于用自己过去的经验去评判和指导自己，也不要希望退回到年少时简单愉快的思维状态中去。因为按照我们的中学教材，多数的同学（特别是理科生）仅仅受过这样一些教育：科学上是源自18世纪牛顿时代的简单数理逻辑；哲学上是被严重简单化的辩证法；艺术上完全无知或者只有针对考级加分进行的较为机械的技能训练；宗教上不但无知而且往往有不正确认识；方法上习惯于被动接受知识，并且在少量固定的知识内容里钻牛角尖；对于文化、社会、政治、经济等各方面的问题也所知极少——以目前国内的中小学课业负担的沉重程度，大家不可能有时间了解太多。这样局限的知识基础对于建筑学这样的综合学科当然是相当不利的，但这也是目前建筑学教育无法回避的现实——甚至也是整个中国教育面对的难题。所以明智的对策是不要固执己见或者轻下断言，先尽快地广泛了解各方面的知识，等到自己大概齐对各种问题都有了一个初步的了解之后，再开始逐步重建自己的知识体系。这个过程至少需要大概 1 ～ 2 年的时间。

当然在此过程中，中学的训练也有其价值：特别是两样关键的东西需要继续发扬：一是积极向上的态度；二是坚忍不拔的意志。这也是残酷的应试教育带给大家不多的两样好东西。当然，各位的中文修养，学习新事物的能力，和勤于思考、严谨认真的作风（真正接受过素质教育的同学有福了……），如果有的话，也应该继续保持。平时的各种课余爱好、人生经验，往往也是很有好处的。

3. 建筑学的学习方法

如果说建筑学和中学教育内容有所不同的话，
那么最主要的应该是在建筑的文化和艺术方面。
作为工程的建筑，新生可以比较轻松地以理科思维去把握；
但是作为文化和艺术的建筑却需要截然不同的思维方式和学习方法。
而建筑的人文艺术属性，却恰恰是建筑学里最核心的、
我们的教育中又最缺乏的部分。
具体说来，建筑学的方法主要是整体思维和经验积累。
整体思维是个比较大的话题，后文再谈。

绿釉陶食房 汉 陕西

汉金阳倒灶 汉 台 ④ 孙钟城

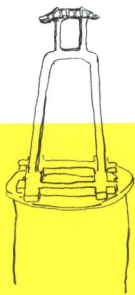

与汉阳釉陶井

汉红陶灶

经验积累是建筑学最基本的方法。因为建筑学所涉内容过于庞杂，

不但没有一劳永逸的解决之道，也没有固定不变的规律法则，

特别是对于建筑学知识的总结归纳自古以来一直不好[1]，

有关知识分布在不同地区、不同行业、不同人群，

因而建筑师不得不依靠长时间大量的阅读、实地调查和工程实践来积累经验。

在大量的案例学习中，知识水平和实践能力才能逐渐提高。

这将是一个漫长的过程，一般以五年为单位，

仅仅是一级注册建筑师考试就给予了八年的期限，可见一斑。

个人以为，实际上学习任何一门知识和技能，这都不算长，

只不过中学的应试教育过于功利和简单化，

才使大家对新知识的正常学习周期产生了误解。

---

[1] 这或许是因为我国建筑学的匠人传统，也因为建筑工程实践性强、还因为艺术创作本身难于言传只能身教。

4. 耐心的态度

建筑学是一场以整个人生为长度的马拉松。

由于建筑学作为工科招生，社会上对于建筑学专业也了解颇少，所以大一新生往往对建筑学一无所知。大量实例表明这并没太大关系，新生此方面的不足，包括绘画和艺术素养的缺失，都不会成为太大的问题，心态才是第一重要。

第一是耐心。建筑学的素养提高通常是以十年计的。40 岁还可以算青年建筑师，60 岁正是年富力强的黄金年龄，90 岁还在干设计的也颇有一些。对于人生最初的 18 年的基础来说，后面的 50 年显然更为重要。幸运的是，建筑学博大精深而且就业出路宽广，没有特殊天赋和幼年基础的人也可以干得很好，这与有些艺术门类很不同。如果你不是要和高迪、柯布西耶这样的顶级天才火拼的话，那么尽可不必着急，安安稳稳地坐下来慢慢发力。靠耐心、持续而愉快的长期学习来赢得美好的未来。即便是比较功利的做法，也不必像中学考试那样每个学期都排出个一二三来。

当然，虽不必悬梁刺股三天两头突击熬夜，但是踏踏实实地努力，而且是持续地不间断努力，不厌倦，不审美疲劳，长达十年、二十年以至五十年不停止，也不是每个人都能做到的。尤其是在极度浮躁的当代中国，有几人不希望能如超女般一夜成名呢？不过等到你对建筑系的老教授们有所了解，你会发现数十年如一日勤奋工作的建筑师还真不少。不像发达国家有健全的社会条件、成熟的明星机制，能在中国做出成就的老先生们，其惊人的耐心毅力和超长的寿命，有时会令后来者绝望——当然，考虑到社会发展的加速度以及老一辈被历史耽误的二十年，各位新人还是大有机会的。

关于这方面，读一些传记是必要的。《建筑师梁思成》是首选的好书。另外不少著名的大师传记也都值得一看。特别推荐《建筑师的二十岁》[1]这本书，六位著名建筑大师对自己年轻时的回忆，很有意思。了解一下这个行业的从业人员的艰辛历程、工作乐趣以及可能达到的最高成就，对你决定是否这么一条路走到黑大有好处。如果你一心希望40岁挣够了钱退休或者18岁成为万众瞩目的娱乐明星，又或者希望成为与世无争但在自己的领域里绝对权威的科学家，那还是尽快改行的好。

[1] 东京大学工学部建筑学科安藤忠雄研究室编，王静、王建国、费移山译．北京：清华大学出版社，2005．

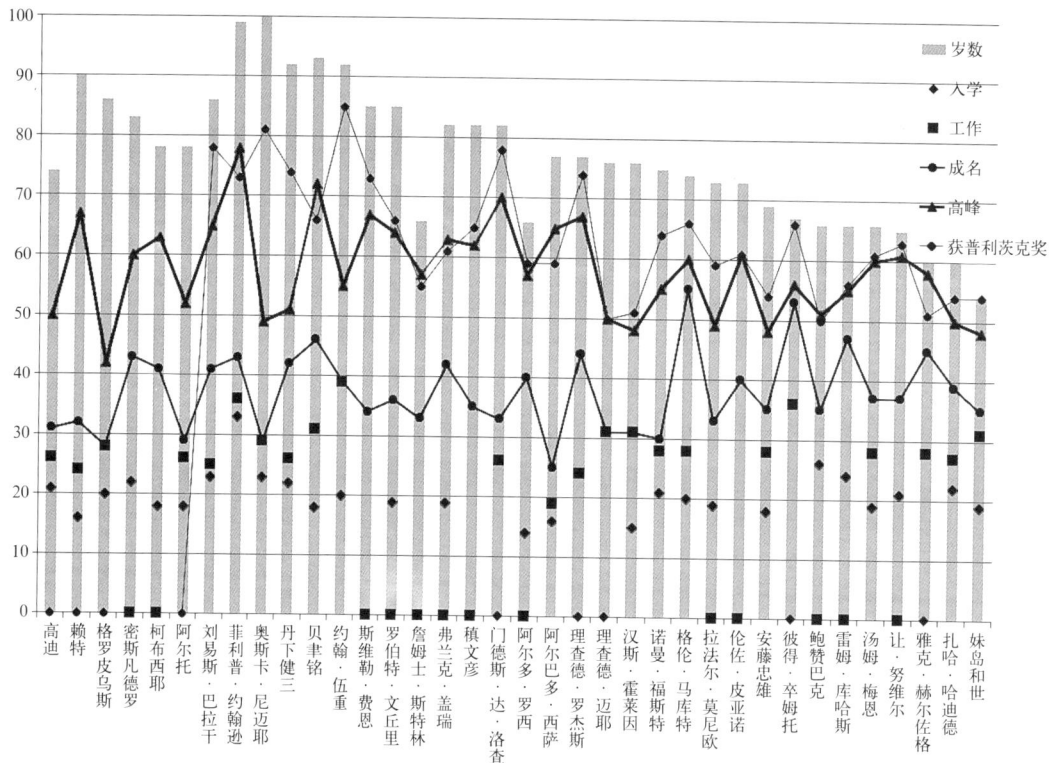

图例：
- 岁数
- 入学
- 工作
- 成名
- 高峰
- 获普利茨克奖

横轴人物（从左至右）：
高迪、赖特、格罗皮乌斯、密斯凡德罗、柯布西耶、阿尔托、刘易斯·巴拉干、菲利普·约翰逊、奥斯卡·尼迈耶、丹下健三、贝聿铭、约翰·伍重、斯维勒·费恩、罗伯特·文丘里、詹姆士·斯特林、弗兰克·盖瑞、槙文彦、门德斯·达·洛查、阿尔多·罗西、阿尔巴多·西萨、理查德·罗杰斯、理查德·迈耶、汉斯·霍莱因、诺曼·福斯特、格伦·马库特、拉法尔·莫尼欧、伦佐·皮亚诺、安藤忠雄、彼得·卒姆托、鲍赞巴克、雷姆·库哈斯、汤姆·梅恩、让·努维尔、雅克·赫尔佐格、扎哈·哈迪德、妹岛和世

纵轴：0 至 100

（图：建筑大师人生进度表。我粗略统计了一些著名建筑师的人生历程，主要是普利茨克奖历届得主的人生进度。可以看见，虽然多数都是十八九岁开始学习建筑，二十多岁就开始建筑生涯，但都是在三四十岁才成名，高峰作品更是几乎全都出现在五十以后。获得普利茨克奖的年纪近年来有所降低，但也在五十向上。最老的伍重到八十多岁才得到承认。而最长寿的尼迈耶如今已经102岁，仍然在从事建筑设计。）

5. 长远的人生规划

设计未动，规划先行，这是城市建设的基本要求。

成功的职业生涯从来不会从天上掉下来，更不会让做事无计划性的人捡着。对人生有个长远而合理的规划，是从事建筑行业所必需的、但又很有难度的工作。规划不是万能的，但没有规划那是万万不能的。这时候，有个建筑世家的背景会好太多了。信息就是力量，你看梁启超先生的儿子们个个成就惊人，少不了老梁先生百科全书式的博学和高瞻远瞩打底。如果你投胎时没有这么走运，那就多花些力气吧，多做一些概论性的阅读和调查，自己安排自己的人生，努力成为"世家第一代"。

建筑学的教学主干课程是建筑设计。然而真正毕业后继续做建筑设计的其实并没有那么多。没办法，现在简直是干什么都比干设计轻松和来钱，或者说市场更需要建筑师从事这些相邻行业。大学与中学的一个重要不同是：大学里学什么和学到什么程度，以及日后如何工作和生活，需要你自己拿主意。不幸的是，"为自己安排计划拿主意"这件至关重要的事情，偏偏没有课程教过，而很多家长生长于计划经济时代，听从组织安排，也没有学过职业规划的知识（即使现在职业规划仍然不够普及）。这个恐怖的缺陷将会在数年后毕业考研选专业和再以后研究生选题以及再再以后毕业找工作的时候集中体现。前文的建筑行业视野图大家已经看到了，建筑历史、城市规划、景观园林其实都有各自很专门的基础知识和很不同的就业出路[1]，改行房地产更是有一大堆东西要学。早一点搜集相关信息并不费太多力气，而且这些方面的知识对于一个素质全面的建筑从业人员也都是非常有用的。不要等到毕业前再匆匆拍脑袋，选错方向、导师的人一向如过江之鲫。即使选对了路线，早点开始阅读和适应相关专业对自己也很有帮助，先下手为强嘛。比如建筑学教育中相对薄弱的规划教学，如果你以后从事"遍地黄金"的规划行业，你会发现那些本科就接受规划训练并且师资力量庞大的某些院校对手相当可怕。而早点开始看研究资料会使你研究生选题轻松不少。

在接触专业的最初，就应该对本行业与相关行业以及自己一生的职业生涯有所了解并进行规划，进而在以后的几十年里不断地规划—实施—调整规划—继续实施……直到最终找到自己最适合的职业道路。子曰"四十不惑"，人往往要到四十岁才能坚定方向不再迷惘，这是城市规划之道，也是人生之道。

---

[1] 在部分院校这些专业是单独设置本科专业的，而一般建筑学学位则是本科不分专业，研究生再选择方向。

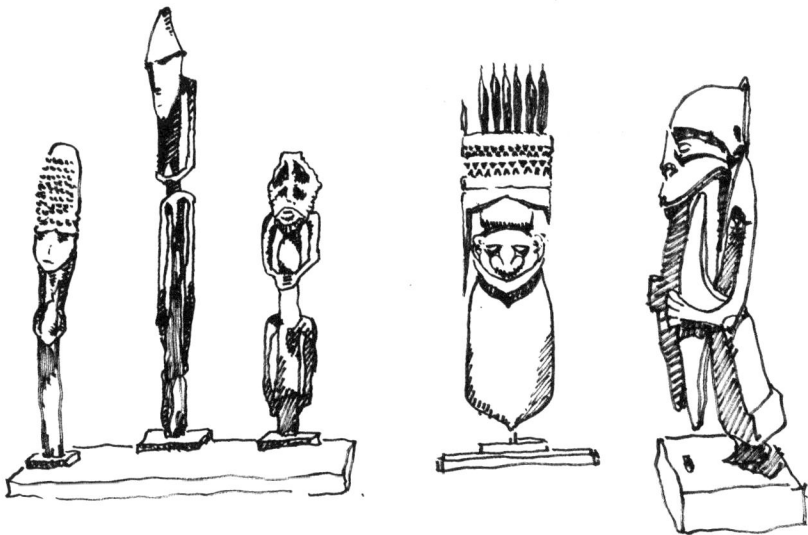

三个非洲明陶.
Yan. 2003.12.29.书博会.

LESSONONEON
ARCHITECTURE
LESSONONEON
ARCHITECTURE

二、基础知识

由于考入建筑系的一般都是人文素质相当欠缺的理科生，所以恶补人文知识是逃不掉的宿命。人文知识并不直接帮助你学好建筑学，而只是能帮助你达到一个基本健全的普通大学生的水平。它们是底线，不是目标。

曾有名言"所谓大学者，非谓有大楼之谓也，有大师之谓也"的清华老校长梅贻琦先生早在 1930 年代就力主通才教育，成就卓著。可惜直到今天，国内仍在争论是否取消中学文理分科。这里不妨对比一下美国的人文教育——这几乎令人绝望：在美国即便是麻省理工（MIT）这样的理工科院校，其人文社科的要求也是很高的："美国大学的通识课程相当于我国大学生前两年的主课，而不是仅仅相当于我们目前的通选课。"[1]——没办法，不管发达的人文教育是一流大学的原因还是结果，你不能真的以为一个发展中国家的最多只有一百年历史并饱经战祸困扰的大学能这么快"国际一流"，这个目标太遥远了……要为学，先为人，要成为优秀的建筑师首先需要成为健全的普通人。

[1] 见《读书》2006.4 月号的大学人文教育的专题。

不过不必过度担心，很多知识只要达到一般的水平就可以。这一点在《建筑十书》里就说过。而且根据经验，一个人初次接触到一个新的学科时，因为是全新的内容，对于开拓视野和增长知识都是非常高效的，乐趣也特别大，学习起来往往事半功倍。这里的关键是要在本科的早期开始学习，越早越好。这些本不是建筑学的内容，但是因为中小学教育的残缺，需要通过补习达到一个基本健全的水平，否则人文素养的缺陷会越来越明显的影响学生后来的发展。

1. 哲学和宗教

人文学科的学习不可能躲开哲学；而我国教育最残缺的一面，也是哲学。但更要命的是人不能没有哲学思想——不学哲学就意味着你有的是一团糟或者很原始的哲学思想：包括方法论、认识论、世界观、伦理道德观念等等人生安身立命之本。

中学的哲学教育非常局限，对于仅仅做一个思维健全的普通人都只是杯水车薪，更何况对于综合复杂的建筑学的学习。例如最基本的时间、空间、逻辑、形式、科学、艺术这些概念的内涵外延，系统思维和整体思考的方法论，基本美学原理和流派，多数学生这些都不知道，更不用提混沌、博弈、复杂巨系统、天人合一这些东西方理论思想了。这样的哲学基础无疑需要提高，才能顺利进行大学学习。

　　任何学科的学习都需要从学科的历史学起。如果是前几年，我会首先推荐罗素的《西方哲学史》，不但是好书，而且好看，必读。不过现在有了新出的斯特龙伯格的《西方现代思想史》[1]要更简单更好看，可以放在罗素之前先看。冯友兰的《中国哲学史》也是必读。另外特别值得推

[1]　（美）斯特龙伯格．西方现代思想史．刘北成、赵国新　译．北京：中央编译出版社，2005．

荐的是，在有一定基础之后读一读《科学哲学》[1]，对做研究写论文有着"基础的基础"的作用。

宗教是我们的教育根本没有的项目，却是西方文明的基础（其实对东方何尝不是）。中国宗教的一般性的知识看过《中国哲学史》就大概齐了，佛教、基督教、伊斯兰教三大教的简史结合世界史有必要大致浏览一下。鉴于我们的学习对象主要是西方文明，西方建筑发展又和基督教密不可分，《圣经》也是必看的（也是学英语必备的）。

（图：京西法海寺，寺内古柏参天。）

---

[1] （美）罗森堡（Rosenberg，A.）．科学哲学．刘华杰 译．上海：上海科技教育出版社，2006.

041

2. 社会学科

在社会学科里，社会学是一门非常关键的学科，尤其是要走规划路线的话。了解社会学对于理解建筑深层问题也很有好处。我看过的书里《乡土中国·生育制度》[1]是最好看的一本，而且和建筑学关系密切；《消费社会》[2]也很好。社会学书籍与生活联系密切，易于理解，基本是用到什么看什么，总能有很丰富的收获（可能也是因为国内这方面的教育特别欠缺的缘故）。像《新教伦理和资本主义》这种名著虽然出名，但看起来就比较艰苦。对新生来说，社会学是个急需了解但是又过于庞杂的领域。所以不需急于上手，一般看过《西方现代思想史》就差不多能大概对付，具体的理论可以结合社会和行业热点，逐步增加了解。这对于理解中国社会转型时期复杂的社会现象以及乱七八糟的建筑现象也大有好处。

法律、政治、经济学这些，需要选择性地看一些，否则常识

[1] 这是费孝通老先生的两本经典著作的合集，版本比较多。
[2] 让·波德里亚. 消费社会. 刘成富，全志钢 译. 南京：南京大学出版社，2001.

上会有缺陷，没有这些基本知识防身，在社会上很容易遭人暗算。这些都不妨零星地看着学着，倒也不必着急。特别值得一提的是萨缪尔森的《经济学》，这是一本经典经济学教材，高屋建瓴，深入浅出。要知道与建筑学同样纷繁复杂的经济学，教材并不好写。而萨缪尔森作为经济学泰斗，却如此重视这本入门教材，而且在33岁写成后的六十多年中坚持不懈地修改更新，临终前出到第十八版，造福所有经济学学生，真是令人慨叹和敬佩。

（图：北京大菊胡同。古城保护往往涉及极为复杂的社会问题，远远超出建筑学的范畴。）

3. 艺术

虽然建筑学有美术要求，但事实证明入学前是否学过美术不是关键问题，入学以后一样可以学好，更何况建筑师有几十年的时间去提高自己的艺术修养。而且对建筑系同学来说最重要的不是绘画技能，而是艺术家的思维方法和审美眼光，因此宁可眼高手低，不要眼低手高。

学习艺术对于把握建筑中最难把握的感性因素非常重要。艺术必须亲历亲为，不拘哪一类，至少学一门（通常是绘画）。因为艺术集中代表了感性的思维方式，和整个科学体系的理性思维互补并且共鸣。尤其是整体思维和综合感知，虽然对艺术创作和科学研究都有益，但从艺术上入手学习特别有效。艺术学习起步并不难，难在长期坚持。最最重要的不是要达到多高的水准，而是要长期学下去并且乐此不疲。

绘画和古典音乐是基础性的，也比较容易入门；直接上摄影、电影这样的综合艺术可能进展反而比较慢。学艺术最好有比较好的老师，需要师徒相传，光自己琢磨会比较难，这也是学艺术的主要难点之一。好在现在媒体发达，学习条件要好一些。不必犹豫，很多著名建筑师在艺术上也有相当的成就，也有不少艺术家玩票做建筑设计，两者本就相通，谁知道你不是个艺术天才呢？

　　基本书目是东西方的美术史或者艺术史，不同的版本影响不大。因为看书对艺术学习只是起始部分，对建筑师来说更重要的还是多看多画，写生和临摹都很重要，上手可能会很快，但融会贯通需要若干年的时间。我自己是在学习素描和水彩课两到三年后，才突然对艺术的整体思维和感性思维有所领悟；然后在本科毕业数年，看过很多不同风格的艺术作品之后，才有了豁然开朗的感觉，发现原来绘画可以有这么多可能性！这才开始能够比较自由地绘画，体会到其中的巨大乐趣，而且随着时间的推移有越来越多的收获。

　　（图：碧云寺金刚宝座塔。香山碧云寺云碧山香，金刚宝座塔名不虚传，春日景色尤佳。对于建筑师来说，随手涂鸦就像吃饭睡觉一样自然而然。）

4. 历史

　　历史在中国是巨无霸学科，恨不得上下五千年的文字全是历史。读历史不能指望一些电视节目解决问题，历史这门学科包含太多东西，而且又太重要，需要沉下心来认真读些书，这里无法详细说，在浩瀚的历史面前我只是个初学者。

　　柏杨的《中国人史纲》可看性很强，吴思的《潜规则》和《血酬定律》由历史看社会，那是必看的。像汤因比的《历史研究》或者布罗代尔的《文明史纲》这样的大砖头可能比较难读（不过也物有所值），黄仁宇的《中国大历史》、《万历十五年》相对轻松愉快。大体上浏览过中国和世界简史以后，就可以根据兴趣和需要带着慢慢看一些专门史，也无需着急。

　　特别要说的是，学历史除了看书，更有意思的是泡博物馆，同时还兼顾了艺术学习，值得作为经常性的活动贯穿整个人生。

0:00	秦 汉	以公元前200年为起点
1:00		
2:00		
3:00		
4:00	三国 两晋 南北朝	凌晨的乱世
5:00		
6:00		
7:00		
8:00	隋 唐	八九点钟的太阳说的是 盛唐
9:00		
10:00		
11:00	五代十国	午间休息
12:00	宋代	午后最舒服的时光
13:00		
14:00		
15:00		
16:00	明 清	这个盛世来得迟暮
17:00		
18:00		
19:00		帝国主义起床了，现 在正是他们早上八九点
20:00		
21:00	新中国	秦始皇统一六国以来 2200年了
22:00		
23:00	未来	
24:00		

（图：中华两千年只在一昼夜。读历史是很有趣的事情。如果把秦始皇统一六国作为中华帝国的开始，则两千多年的历史恰好可以每一百年对应一个小时，比拟为一昼夜。）

LESSONONEON
ARCHITECTURE
LESSONONEON
ARCHITECTURE

三、专业路线

按照秦佑国先生[1]的观点，现在的建筑教育的问题是建筑学和建筑术不分，以至于出现方向性问题。我相信，不管教育改革如何进行，每个学生自己需要清楚：学什么知识会有什么样的效果，从而决定自己应该学什么。根据一般经验，毕业以后希望从事实践工作，不惧怕与业主、结构水暖电工种、施工队纠缠，能耐心于无比繁琐永远改不完的施工图的，偏重建筑术；希望搞理论研究或者教学工作的，不怕清贫与寂寞，甘于枯燥艰深的理论探讨和诲人不倦的教育工作的，偏重建筑学。当然即使目标明确，也不能过于偏废，能全面发展最好。还是那句话，建筑学是一门综合学科。

049

[1] 秦先生曾任清华大学建筑学院院长，虽然主业为建筑物理与技术，但他对建筑教育关注极多，正是他开设的博士生课程《科学、艺术与建筑》使我开始广泛阅读各种专业外的好书。

1. 建筑设计技能为主的路线

打算毕业后出去打拼、

挣钱养家糊口的同学，务必重视建筑术，

也就是进行建筑设计的实际技能。

这包括且不限于以下方面：

(1) 全面理解建筑设计任务所在的社会流程

　　建筑设计不是一个"问题—答题"的简单过程，它更包含服务和创造的双重内容。理解设计任务的关键是对设计任务前因后果有全面深入的了解，从而整体把握从设计到实施的全过程。

　　从策划立项、了解业主的意图开始，进而能协助业主编制合理的任务书，在熟悉建筑法规和技术规范的前提下进行建筑设计，从接任务到提交方案再到完成施工图、工地配合直到交付使用，这一整套业务流程必须熟悉。其中特别不同于本科教学的是制定任务书。任务书也代表了整个项目的最终目的，背后是对整个设计事件的综合把握能力。建筑设计不是一个针对已有任务的非此即彼的答题过程，而是一个理解、驾驭业主动机和社会环境条件，动态调整工作内容，并协调各方面利益的价值实现过程。说白了就是调和各方的要求，想尽各种办法把房子盖起来。实际上建筑设计全过程服务是建筑设计行业里利润非常高、难度也很大的领域，相当于总指挥的角色，而一般建筑师的工作内容常常是在这个长长链条中的一小段。全过程的理解和掌握能力的培养要花费多年的时间，一般在本科毕业时多数人达不到这一要求，但依然值得大家从第一个设计题目就开始留意。

　　了解全过程的基本方法是亲身进行社会调研。调研也是一项很重要但是本科教学因为种种困难而比较薄弱的环节[1]。把与设计任务相关的方方面面的信息在短时间内搜集到并整理出来，是一项重要的基本功。调研发现的，总有很多超出所有人意料之外的影响因素，这是一个完善题目和逐步形成答案的动态过程。相关的书籍，个人觉得首推凯文·林奇的《总体设计》，另外很多介绍具体工程项目的文章也可以参考，核心期刊里有无数这样的文章，其中不少有着自己独到的心得。当这些零散的经验积累到一定程度，一名成熟的建筑师就诞生了。

　　（图：建筑设计流程与所需能力。建筑过程漫长而繁琐，需要种种复杂能力。所以这往往需要一个团队的共同努力和分工合作。但作为主持建筑师，必须对全部过程都有相当的了解，而且最好每个环节都曾经身体力行。这其实也并不困难，皮亚诺和罗杰斯合作蓬皮杜中心的时候还分别只有34岁和38岁。）

---

[1] 主要可能还是出差成本以及学生安全责任问题，使得教学难以走出校园，这令人相当无奈。

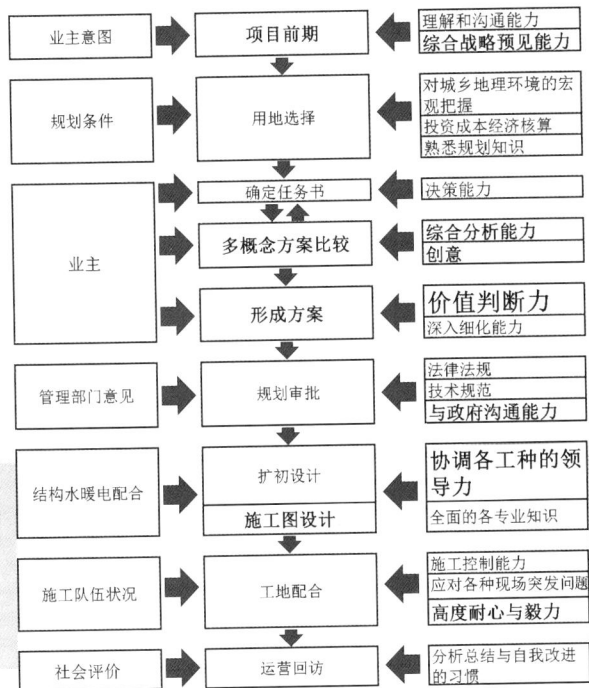

```
业主意图  →  项目前期  ←  理解和沟通能力
                         综合战略预见能力

规划条件  →  用地选择  ←  对城乡地理环境的宏
                         观把握
                         投资成本经济核算
                         熟悉规划知识

            确定任务书  ←  决策能力

业主     →  多概念方案比较  ←  综合分析能力
                             创意

         →  形成方案  ←  价值判断力
                        深入细化能力

管理部门意见  →  规划审批  ←  法律法规
                            技术规范
                            与政府沟通能力

结构水暖电配合  →  扩初设计  ←  协调各工种的领
                              导力
                 施工图设计    全面的各专业知识

施工队伍状况  →  工地配合  ←  施工控制能力
                            应对各种现场突发问题
                            高度耐心与毅力

社会评价  →  运营回访  ←  分析总结与自我改进
                         的习惯
```

（2）　快速的发散的丰富的独特的多方案草图构思能力

简单地说，就是要能快速发现多种可能性并很快画出草图的能力，而且在草图形成的同时，要已经考虑到一些重要的细节（比如最终形象的特色和基本功能流线的顺畅，并且符合国家强制性规范）。这一点没有捷径，办法一是多画图多做设计，二是每个设计都深入细致地思考，反复推敲精益求精，三是认真研习经典的建筑作品。在本科阶段比较实用的是根据设计题目搜集案例，然后认真研读，发现其优点与缺点，进而形成自己的方案。这是建筑师一生都要保持的习惯：在每个设计任务之前搜集和调查同样类型的先例做案例研究。特别是本科阶段，能力决定了我们的任务主要是学习而不是创造。所以个人以为这个搜集和咀嚼经典案例的过程就是本科学习的主体，而随后的设计方案基本是以之为基础的照猫画虎、照葫芦画瓢。如果一上来就是轻言创新，那是典型的急功近利，不可取。

草图构思总的来说是必须用手的，因为电脑到大脑的距离比手到大脑的距离远太多了。构思必须同时构思平面、剖面和透视三方面，兼顾建筑的整体以及与环境的关系，而不是平面－立面－形象这样依次绘制的流水线。"形象＋逻辑"同步的思维方式在这里十分重要。这一能力当然也是要多年培养的，但是比全过程能力的培养见效要快些。

参考书首推 C·亚历山大的《模式语言》，然后就是无数著名建筑师的无数经典案例。很多时候只要抱住一名建筑大师的大腿，就够一辈子吃用了：）。

（图：九华山旃檀林客寮意象图。闲暇时以各种形式默写自己的设计方案是很有趣的事情，能够有新的发现。）

(3) 基本功：娴熟的电脑绘图技巧和良好的操作习惯

什么是建筑学的基本功？过去的建筑教学往往把墨线、手工建筑画、水墨渲染、水彩渲染当作基本功。我个人的意见是，这在当时是没错的。因为那时候墨线和渲染确实是建筑设计的基本工具。至少在我刚入学的几年，针管笔、喷笔都是干私活挣钱的必备利器。我以为基本功就是指针对当时（而不是过去）建筑行业基本设计工具而必需的技能。今天电脑制图作为建筑设计的基本手段已经毋庸置疑，只是在本科阶段尤其是低年级阶段是否引入还有争议。我看来电脑制图和建模软件才是今天的建筑学基本功。当年的针管笔粗细变成了今天的 CAD 的线型和分层；当年的泡沫模型变成了今天的 SketchUp 线框模型；当年水彩渲染的笔法变成了今天 3DSMAX 的布光和材质；当年保养疏通针管笔的技术，今天变成了软件安装杀毒破解。工具发展了，基本功的具体内容也变了。

　　修养则是另一件事。同样是手头功夫，很多人容易把修养和基本功混为一谈。基本功是要熟练而修养要看境界。相对墨线渲染和尺规作图，我看诸如手绘效果图的能力其实属于艺术修养，应该由美术学习来培养。同样的还有对线条、体量、色彩的推敲把握，对各种材料的熟悉和敏感，属于比较高层次又比较抽象的能力，都应算作修养而不应作为基本功。

　　这样说来，早年巴黎美院传统的古典建筑立面制图渲染这样的训练，其实决不如今天看来那么死板。当时渲染的"仿古"立面，其实正是当时的"当代建筑"，渲染也是当时的主要绘图手段，其训练极为实用，就如同我们现在用软件脚本制作哈迪德的作品那么的实际，转手就能拿去挣钱。

（图：巴黎美术学院。巴黎国立高等美术学院（école nationale supérieure des Beaux-arts de Paris）是现代建筑教育的发源地。早期现代主义曾对巴黎美院传统进行了大量抨击，然而时至今日回顾历史，我们可以清晰地看到，巴黎美院无疑创造了一个时代，是现代建筑绕不过去的根。美院很小，漫步其中，所见的是席地抽烟的学生，师生聚集的课堂，奇形怪状的展览，以及默默不语的古老建筑。这就是学院派一词里的那个学院啊！三百年来虽然已不复当年荣光，但其历史地位也已经被铭记。我想只有了解了这些漫长沉重的历史，才能看出那些眼花缭乱的当红潮流，终将何去何从。）

059

具体操作上，我的意见是双管齐下，构思草图用手绘，正式成图用电脑。早期认真画几张墨线图当然还是好事，而且不可不画，因为建筑师注册考试还要用的：）但是 CAD 制图也一样最好从小抓起。可惜的是，据我了解学校的 CAD 制图教育并不理想，主要是年纪大些的老师们都没有学过，年轻一点的也多年没有机会亲自上机了，这一块的教学实际上是个真空。其实手工墨线固然能画得漂亮（如莫宗江先生当年为中国营造学社绘制的古建筑墨线图堪称典范），电脑绘制的线条图一样能画出云泥之别，这和工具无关。我曾见过我的班主任的 CAD 平立面图，虽然是简单的现代建筑，但线型、分色、块与层的逻辑以及包括构图关系均无可挑剔，如入化境。我想如果当年莫先生是学 CAD 起步的，他的 CAD 文件一样会画成艺术。而就我所知在一线的设计企业里，出来的 CAD 文件虽然有各公司的规范标准，但真正把图画到清晰简洁条理清楚的，也不多见。

另外良好的操作习惯也很重要，我曾经留心过很多商业效果图公司的工作流程和操作细节，也了解过一些设计企业的绘图软件应用情况（这个从各公司的招聘广告就能看出端倪），从操作快捷方式到文件命名规则，不同软件格式的交接配合，存档文件的管理，实际上是要经过相当长时间琢磨的，这里就不细说了。

　　各位新同学面对教学真空，只好看书或软件帮助文档自学，有条件的可以找师兄同学请教切磋。其实这并不难，毕竟软件设计出来是为了供用户使用而不是为了绕晕用户的。目前主流软件中二维绘制用 AutoCAD，三维建模用 SketchUp 做简单模型，用 3DSMAX 做复杂模型，用 Rhino（犀牛）做曲线模型，后期处理用 Photoshop，这些都应该是基本中的基本，都学一点会对学习和以后就业都大有好处。而对软件的深入掌握还可以反过来加深对设计的理解，例如 CAD 可以增进对尺度尺寸的理解，模型布光能加深了解阳光与灯光如何影响建筑，Photoshop 的直方图与曲线直接帮你概括画面的黑白灰布局与层次，而且是量化的。现在正在推广的建筑信息模型（BIM）技术，更有可能会彻底抹去二维投影制图的概念，让三维模型成为建筑设计的基本工具和思考方式。这些久经考验的经典软件蕴含了大量技术人员和设计师的智慧，设计工具能够影响到建筑设计本身，这在历史上几乎是一种常态。

至于实体模型的制作，这已经是正常建筑教学的内容，这里不需多说。我的意见是，能有条件（时间和金钱）做实体模型尤其是大尺寸的实体模型，实在是一种幸福，效果很好，但是成本也很高。多数情况下在初期草模阶段合适用实体模型进行推敲，不管纸板、泡沫、木材还是胶泥都可以，而细化方案之后更多是用电脑模型，这主要是成本决定的。

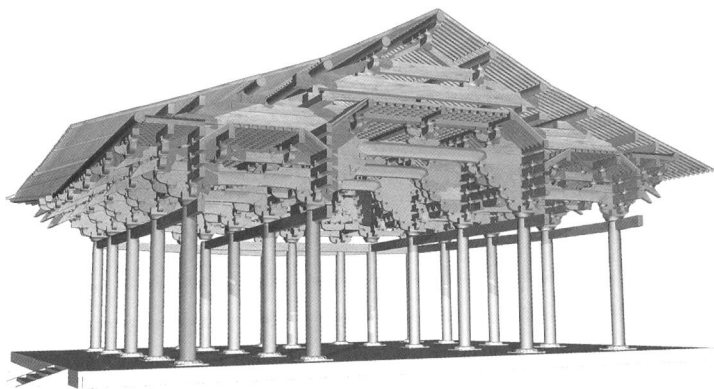

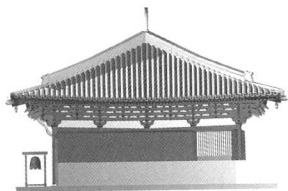

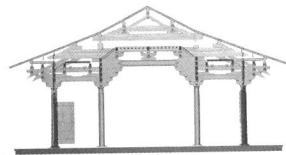

（图：五台山佛光寺大殿的三维电脑模型。合作者：王南、李路珂、田欣）

（4）大量优秀建筑作品的资料积累

没有办法，学建筑就是要积累大量经验。第一就是要行万里路，实地调研各种优秀建筑，古今中外通吃。一般来说对新手的建议是从经典现代主义作品看起，一直看到当下的时尚名作。再往前看，把中西方古典建筑通读一遍。然后就是把中国和第三世界国家的乡土民居再看一看。看建筑的时候，顺便把规划和环境景观也作了解。初学者看图册难免看不出趣味，这完全正常，经典作品本来就是要反复体会的。当然有些真正伟大的艺术就算仅仅投射到纸上也依然有夺人魂魄的能力。我至今还记得第一次看见泰姬陵的幻灯片时的惊艳，那时候只是本科一年级；不过看出康的作品的好处来就是数年以后的事情了。

按照一般艺术和文学教育的正常步骤，先花大力气临摹和赏析经典作品是最基本的，像咱建筑系这么急功近利上手就要"创作"的其实少见……建筑设计训练有必要一部分一部分地进行，立面、平面、流线等等都有必要单项逐个学习，整体构思也是个相当独立的训练项目，正如同语文课上组词造句的训练，而整篇文章的写作是很高端的事情，尤其是大部头。在本科就加入上万平方米的旅馆设计，我以为实在没有什么必要。复杂的功能设计完全可以在功能组织专项训练里解决，不必搞成大设计。很多很多建筑大师，也就是能把小住宅设计得够精到而已。本科阶段做完整建筑物的设计的话，我觉得有个几百平方米小题目就很好了，这样才能做得深入扎实，这比所有建筑类型走马观花草草设计有价值得多。如今街上那么多大而糙（甚至小也糙）的建筑，多少和这种粗放的建筑设计教育有关。

看建筑书的时候，一部数码相机是必要的，一本速写本也是必要的。看大师作品顺便描绘平面和照片好处极大。一般的做法是看书时通过临摹经典作品的照片来体会建筑（这样当你亲临这些名作现场写生的时候还能更多一层感受），有精力的同学更可以辅助以三维电脑模型来细致体验名作的妙处，可以深入到细部、材质、光线和环境，虽然费时较多，但效果也好，宜量力而行。

相关的书籍，以经典现代主义四大师为首选，至于东西方古典名作本来是非看不可，只是总量太大，只好逐步收集。核心期刊和几本重要的国外建筑杂志，应该养成经常翻看的习惯。当代明星建筑师参差不齐，有些非常优秀，经常翻看也有助于了解行业现状。

(5) 向一切学习

　　柯布西耶号召向机器学习，文丘里高呼"向拉斯韦加斯学习"，实际上一切好的东西甚至坏的东西都有值得学习的地方，不管是名山大川还是千奇百怪的生物，没有什么不是创造的素材。

　　最有效的还是从艺术界吸收养料，学会体验不同层次和类型的艺术趣味。据说艺术感觉是要看天分的，不过靠着见多识广，也能补上不少。如果小时候对艺术一窍不通的，本科开始抓紧恶补还来得及，至少对付建筑设计基本够用。传说柯布西耶当年的日常生活经常是半天绘画半天设计，真令人神往。对建筑系学生来说，一是要自己学画，另外就是多看一点画展艺术展，还有周边艺术的理论，都有好处。其实这还真是个美差——去美术馆看画展那是要门票的。

　　可惜国内的条件有限，近年来虽然搞了不少文化设施建设，但比比巴黎或是罗马的博物馆，多少令人绝望。据说藏在故宫地下的大仓库里有9万件书画珍品，1949年至今只展过1万件而已。那些海量的艺术品，你我普通人估计此生不会有机会见到了！[1] 这是个很残酷的真相：咱的文化建设实在差得太远了……只不过对于初学者应该还不至于有太大问题。先把目前能看到的好东西看看再说。我每到省会城市，必定想办法去看省博物馆，结果总是进去就不想出来。中华五千年的文物绝对是无价的瑰宝，不容错过。

工业设计是建筑设计的近亲，包括高迪、密斯·凡德罗、阿尔托等很多建筑大师都设计过家具。而当代社会工业设计更是发达，从数码电子产品到服装鞋帽，从书籍装帧到网页设计，其实很多都与建筑有相通之处，更是感知时代精神的上佳途径。工业设计网站很多，我常去的是Designboom，而且通过邮件订阅可以大大节约时间。工业设计不但对建筑学有益，也给日常生活增添乐趣。

[1] 陈丹青．《常识与记忆》（《退步集》）

各节点详图

（图：我当年为系里设计的一扇木门。为此反复研究了系里收藏的明清家具，才发现里头藏着太多可学的东西，不亲手去做是无法体会的。）

信息时代涌现了大量的新文艺，其中很多值得我们学习。每个时代都有自己的时代精神和艺术表现形式。就像早先被视为祸害的金庸小说，如今已经变成主流社会承认的文学经典（我从小深受影响）；往大里说，现代建筑被社会接受也经过了很多年的努力。如今海量的网络文学、电脑游戏、动画漫画、影视音乐等等看似通俗的内容，其实已经包含了很多经典作品，只待时间的筛选。而且这些新事物对时代发展最为敏感，仔细地挑选其中优秀的部分，发掘其内涵，会成为建筑设计很好的新养分。

（图：我为电脑游戏杂志设计的奖杯，由网友投票选为最终实施方案。）

最后的效果图

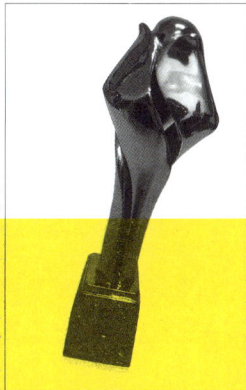

实物照片（照片由委托方提供）

2. 建筑理论学习的路线

对理论研究有长远志向的同学，最好尽早开始学术文献的阅读。

很难说新生会对以后的学术研究有什么概念，不过喜欢留在高校就职过上安稳闲适生活的人不在少数，这样一来理论研究也就热了。有此打算的，或者自己觉得做方案不适应，不喜欢谈合同喝酒画施工图下工地的，以下这些是重点：

（图：苏州山塘街）

苏州山塘河南一角 07.8.16.

（1）各种建筑史的娴熟了解

　　一切研究都是对历史的研究，不了解历史者无法谈理论。初学者建议从西方现代建筑史看起，再到中国古代建筑史，再进而西方古代建筑史，再有精力可了解各种其他文化的建筑史。看建筑史的过程里，其实就把经典作品看了。

　　现代建筑史的中文书有不少，但都有些枯燥晦涩，因为建筑史里每一位建筑师，每一件作品都是一本厚厚的书，如此丰富的建筑历史压缩为一本书，难免会让读者消化不良。把建筑史作为一本作品目录，用来选择建筑作品进行专门阅读和调研是比较好的学习方法。当看过详细的建筑资料或者实地调研过，建筑史就会瞬间变得鲜活起来，事半功倍。

　　常见的如《外国近现代建筑史》教材，塔夫理的《现代建筑》、弗兰姆普敦的《现代建筑：

一部批判的历史》、王受之的《世界现代建筑史》都可以，选一两本比照着看即可。倒是柯林斯的《现代建筑设计思想的演变》相当好看，建议优先阅读。

　　中国建筑史首推梁思成的《中国建筑史》，虽然比较早且有些争议，但很生动，比起压缩式的一般历史书要更适合初学者。另外城市方面必看芒福德的《城市发展史》。中国城市史的书籍不多，比较重要的是贺业钜的《中国古代城市规划史》和董鉴泓的《中国城市建设史》。

　　我个人觉得建筑设计教学往往对建筑史教育重视不足，尤其忽视了建筑史对建筑设计的基础意义。参照中文的学习，大家可是从学前班就开始背唐诗的。如果能把几种建筑史结合建筑赏析，作为入学前两年的主要科目，我相信学生不论是基本修养还是现代建筑的设计，都应该会从中受益良多。

（2）各种建筑理论的初步积累

　　建筑学不管是算作工程类还是艺术类，都是以实践为核心的学科，理论系统并不完善，因此其理论著作也相对零散，更不是放之四海皆准的通则。因而不但新生往往摸不着头脑，行业内部也是莫衷一是。

　　对于各种纷繁复杂的理论，我个人认为可以分为三类：规律、规则和观点。一般自然科学的理论是研究自然界不可抗拒的必然因果，成为规律，建筑技术的理论属于此类。而社会学科针对人类行为总结的理论，往往来自于人群的主观意愿，这其实是一种游戏规则，其因果关系随着社会条件的变化而改变，只有部分必然性，建筑学理论多数属于这一类。而还有一些理论其实只是属于研究者自己对现象的理解，背后并无本质的必然性，也不被社会人群所遵守，只能算是一种观点，艺术创作理论很多属于这一类。这些观点的价值往往不在于其规律性或者必然性，而在于其启发性。

当我们对花样繁多的建筑理论时，应该看清其本质，区别对待。

这样乱花渐欲迷人眼的理论状况下，克鲁夫特的《建筑理论史》[1]就显得是一本特别好的书，对厘清相关理论脉络，形成清晰的理论思路非常重要，但是也非常的难读。但考虑到理论学习的重要性，对于有志于建筑学术研究的同学，完全有必要先囫囵吞枣地大致浏览一遍，以对建筑理论有个大概的了解，而具体细节则可以等到有需要再看深入研究。

至于一些零散的经典著名的理论著作，最好早看，比如林奇的《城市意象》，舒尔茨的《场所精神》，亚历山大的《建筑的永恒之道》等等，篇幅不多，但质量很高。只要是有考虑读研的，等到本科毕业再看肯定是晚了。其实这些具体的理论书籍往往读起来非常有趣，绝对是一种享受。

[1] （德）克鲁夫特著．建筑理论史——从维特鲁威到现在．王贵祥译．北京：中国建筑工业出版社，2009．如此重要的书籍在西方出版了20年才得以翻译为中文，令人遗憾。当然还有更多更重要的书籍至今未被翻译出版，只是流传着一些复印本的复印本的复印本……例如舒尔茨的《场所精神——迈向建筑现象学》至今只有台湾有中文版，而我手里也只有复印本。

（3）几种重要哲学思想的深入了解

　　读过基本的哲学史还不够，比较经典而且与建筑学关系比较密切的存在主义、符号学或者维特根斯坦的哲学等都可以逐步看起来。

　　中国的传统哲学是更重要的部分，对于中国建筑师有根的意义，也更容易理解。其实每个中国人的思想里都根植着这些哲学的影响，无论是建筑史研究还是有中国特色的现代建筑的创造，都绕不开这些哲学思想。我记得自己是从小学开始通过蔡志忠的漫画才接触到先秦哲学思想的，即便是那么小的年纪，也能感受到其中的智慧光辉。相比建筑学习，读这些哲学更重要的益处是整个人生都会从中得到营养。

（4）美学素养

美学是目前建筑教育里特别缺乏又特别重要的相关学科。审美问题虽然看似主观性很强，说不清楚，但在具体情境下是有理可循的，这就要通过美学素养的提高来达到。

宗白华的《美学散步》或者《艺境》，李泽厚的《美的历程》强力推荐，可看性极强。然后就是最基本的东西方美学史，朱光潜的《西方美学史》和叶朗的《中国美学史大纲》比较适宜，不过可以放在哲学史之后。朱光潜的那本成书较早，可以考虑找一本现当代西方美学书补充看。而建筑类的美学著作很少，也比较晦涩，不如经典美学书籍来得清楚好看，目前还没有发现可以推荐的。

（5）强大的资料搜集和管理能力

　　资料是一切研究的基础，"上穷碧落下黄泉，动手动脚找资料"[1] 是搞学术必备的基本技能。如果希望有良好的学术发展，从起步就应认真整理好自己的资料。

　　除了调研的照片、做过的设计，要清晰的整理归类之外，基本的资料积累模式包括：

　　①　买一些好书。经典的书籍值得传世（有藏书也是世家的一个优势），而且书籍是人类目前为止最主要也是最正式的资料积累方式。大多数学者会将自己最主要的成果汇集成书。

　　②　写读书笔记，摘录和写感想，所谓不动笔不读书。最好还能输入电脑，以便搜索利用。

　　③　零星的资料随手就用数码相机拍下来（有条件的扫描更好），放在硬盘里。而且文件名要清晰明白，切不可偷懒，以便以后搜索。不管是以后做设计、做作品集申请出国还是找工作都用得上。

　　④　要特别重视目录线索。很多时候大家没有时间去具体了解某些知识，但是记住知识的目录很有用。检索工具就是其中一种。高校图书馆花巨资买的大量电子资源十分重要，有很多是百度、谷歌这些免费搜索引擎不能替代的。但是有的学科本身知识积累就比较混乱，比如我们建筑学。这

------

[1] 李敖语，应来自于傅斯年的名言"上穷碧落下黄泉，动手动脚找东西"。李敖对于读书、收集资料和研究方法的论述特别值得学习，可以参考他的《要把金针度与人》以及《李敖有话说》系列节目的文字稿。

时候就要自己有个结构良好的资源总目录，不断地把有价值的目录线索补充进去，需要或者有空的时候可以去查找研究。包括但不限于各种著作、论文、期刊、零散的小文章、听到的报告讲座、老师的指导言论、某个比较专门的网站、某个新知道的文献数据库、有趣的博客……其中特别要注意的是重要著作和论文的参考书目，这对自己的专业极重要。

技术操作上，电脑上资料的整理，首先要分大类储存。大类里再细分的话，个人觉得最好是按"日期＋关键词"命名和排列文件夹最好，这样只需要两层目录结构，不但好记而且方便备份。分类过于复杂的话，备份会非常困难。研究者从一开始整理资料就要有长期考虑，试想以后50年的资料搁在一起，有任何文件名的不清楚就会无法查找。而且任何资料都要有两份以上才安全，因为硬盘一般只有5年寿命，光盘又容易磨损。考虑到现在大硬盘的普及，最常用的办法是一份硬盘拷贝＋一份DVD备份，或者双硬盘备份（略贵）。随着技术的发展，资料的存储和管理形式要及时更新。比如网络云存储已经具备一定的实用性，可以考虑使用。

(6) 普遍阅读学术期刊

国内的建筑期刊虽然质量参差不齐，但是毕竟是国内最主要的学术阵地，对于了解业内同行的情况还是很重要的，对于研究生毕业发表论文则是绝对必要的。养成习惯每个月把新来的学术期刊都翻翻，费时不多但大有好处。除了本专业期刊，一些相对学术的休闲性、新闻性的综合期刊报纸也可以多看看，了解社会各方面的情况。所谓处处留心皆学问，是针对拥有良好知识框架（或者至少是学习计划）的人而言的。

（图：建筑信息资源分布图。建筑学的信息资源主要以实物、文本和人脑三种形式分布在社会上。由于建筑物体型巨大，并且涉及周围大环境，信息量超过任何媒介的容纳能力，因而建筑实物及其环境的价值是最为根本而且无可取代的，因而实地调研具有最重要的意义。而作为一门实践学科，很多不可言传的东西以及零散和复杂的经验只能存在与相关人员的大脑中师徒相授，这也是面对面教学和交流不可取代的原因。而文本信息则相对容易获得。

互联网发达的今天，文本信息几乎被其完全吸纳，特别是通过国家知识基础设施（National Knowledge Infrastructure，CNKI，国内就是中国知网），以及一些大型科学数据库和公共搜索引擎，文本获得相当容易；而相关人员的经验和知识虽然可以通过一些新网络通信工具获得，但并不容易。至于实物及其环境所蕴含的信息，则仍然是不可取代的。）

建筑信息资源分布图

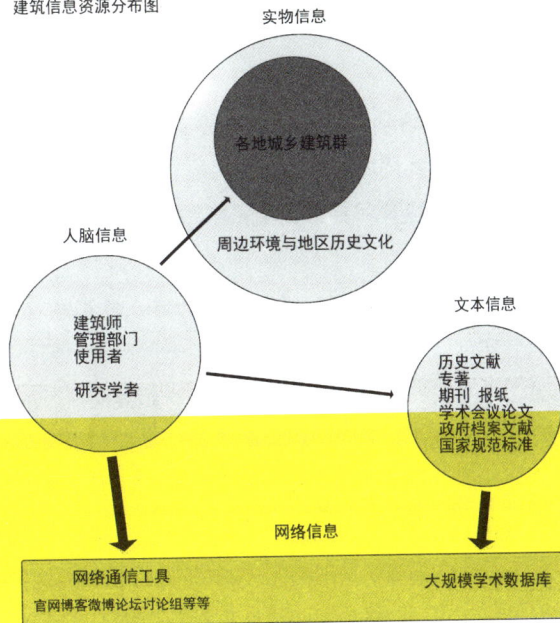

实物信息

各地城乡建筑群

周边环境与地区历史文化

人脑信息

建筑师
管理部门
使用者

研究学者

文本信息

历史文献
专著
期刊 报纸
学术会议论文
政府档案文献
国家规范标准

网络信息

网络通信工具
官网博客微博论坛讨论组等等

大规模学术数据库

3. 团队合作：寻找你一生的合作伙伴们

　　建筑学是综合学科，每个优秀建筑的背后都是很多人共同努力的结果。建筑师必须具备领导众多行业的人员共同协作的能力。这既需要技术上的全面知识和综合能力，也需要具备协调复杂人际关系的能力。建筑师要能够理解各方面人群的想法，并设身处地的为他们着想，协调各方的意见和利益诉求。

　　这种团队协作的能力应该从第一天进入建筑系就开始锻炼，而最直接的合作对象就是同班的同学们。建筑设计行业的人数并不多，一般来说只要不转行，你的一生都将与你的同学们抬头不见低头见，相互扶持，也相互竞争。曾经一起共同成长的同学们（也包括师兄弟姐妹们）将是你一生的朋友和合作伙伴，而同学们共同学习、互相切磋也将是大学阶段最重要的知识来源。从以后就业来说，设计企业也非常看重这种团队合作的能力，能否迅速的融入团队，理解和尊重他人的思维方式和价值观，协调各方意见达成工作目标，这都是在学校开始就需要注意的事情。而且在建筑学领域，其中包含了大量的专业技术因素，而不仅仅是人际关系。这在学术上称为"科学共同体"，通俗地讲叫"人脉"。考虑到建筑学是高度依赖团队协作的，无论未来是去企业、高校、政府还是创办自己的事务所，这些同学都将是你一生的财富。

（图：我们大学本科的同学们每年都会聚会一次，这是第十二年聚会的海报。同学也是同行，是一生的合作伙伴。我本人在本科期间与同学王南、李路珂、田欣组成学社，一起外出调研、研究中国古建筑，是我的学术生涯的起点。本书中所有中国古建筑的三维模型都是我们一起制作的，其整合成果发表在中国建筑工业出版社出版的《中国古代建筑史》第三卷的配套光盘中。）

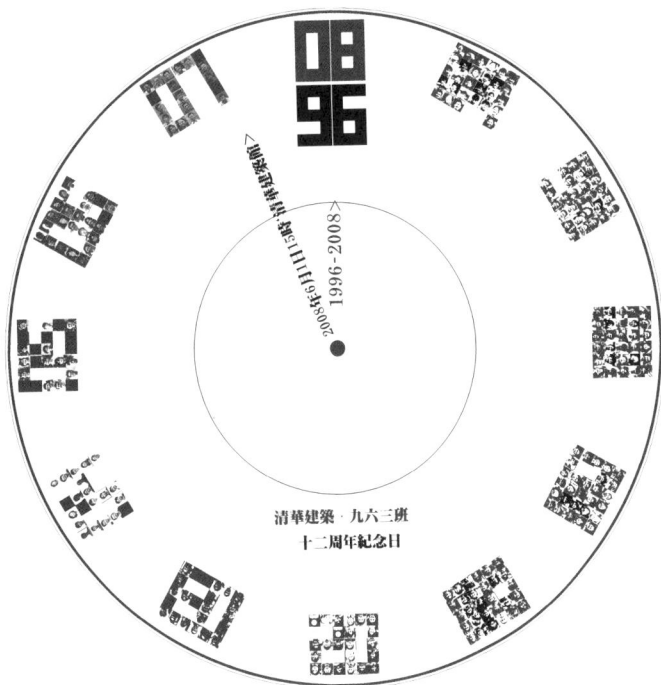

1996-2008

清華建築・九六三班
十二周年紀念日

4. 读硕读博和出国深造

现在就业压力大，本科生工作也不好找，而且目前本科教育的专业强度也不太够，毕业后不容易适应工作竞争压力，硕士学位又在逐渐普及。因此能读硕的就读，没什么可犹豫的。但是读博确实需要慎重。除非是真心热爱严谨的学术研究的，或者一心要留高校任教的[1]，而且没有什么家庭经济负担拖得起也有钱吃饭的，可以考虑读博。

我个人认为，出国留学对于建筑学来说是十分有益的，但并非必须。对中国人来说，建筑市场最主要还是在中国国内，如果去美国大学深造，更主要的目的恐怕还是开阔眼界，了解整体美国文化和社会。欧洲的建筑文化传统跟中国倒是更为相似，也更为贴近国情，但是生活学习费用高昂，而且奖学金稀少。所以单纯从建筑专业学习来看，留学经历并不是必需的，对在国内就业和收入高低也并不关键。但从丰富人生经历、开阔视野、拓

[1] 这一动机我个人并不赞成，为就业而读博我觉得得不偿失，更有损学术的严肃性。

展思维方式来看，西方发达国家非常值得一去。因此是否出国的关键在于个人或家庭的经济承受力，如果家庭条件允许，或者能申请到比较充分的奖学金，那在本科或者硕士毕业以后出国留学若干年，对人生和专业发展都是非常有益的经历。如果经济压力大，那也并不着急出去。因为以现在的资讯状况和国内的市场优势，出不出国并不影响很大，而建筑师的职业生涯是漫长的，可以等待条件成熟再做广泛的全球游学。

5. 就业选择与行业发展趋势

　　就业是大学教育无法回避的问题。就目前行业内的一般看法，多数刚毕业的本科生还不足以胜任设计单位的工作。如果你能提前充分锻炼自己的实践能力，可以很快达到企业的要求，但即便如此，也有些东西只有上班后才能学会。这首先是因为企业单位多种多样，要求的能力也不同，没有人能在学校里全准备好——这时候基本功就非常重要，特别是学习新事物的能力、坚忍不拔的意志力和高度的责任心[1]。其次技术上讲，学校和企业最大的差别在于企业需要的是适应整个产业链的实践型人才。国内的建设项目和业主状况都较为复杂，并不具备专业细分的时间和经济条件，建筑师往往需要能够提供快速的一站式全过程服务，这设计大量技术细节，知识点非常分散和琐碎，几乎不可能在学校中完整获得，也不必要都放在学校教育里。

　　从职业长远发展和行业的发展趋势来看，由于中国独特的国情和体制，很难确定中国

---

[1] 这三项我个人称为"就业三宝"。

建筑设计企业的明确发展趋势，高度专业分工的大型企业、个性化独特创新的小型事务所各有所长，只能说转型时期一切皆有可能。

　　国企、民企、外企、大公司、小事务所，很难说哪一个会是主流，也很难说哪一个会更有机会。大型国有设计院还是有较大影响力和资源，工作较为稳定，比较容易接触一些重大项目，实践层面经验丰富，缺点是系统庞大，运营效率低，能力突出员工的收入相对较低，岗位升迁慢，而且目前也正在改革中，又增添了不确定性，人员流动频繁。知名外资设计企业一般采用年薪制（很有大锅饭的味道），企业体制成熟，收入比较高，其项目质量也比较高端，并且有利于开拓国际视野，但因为政策的限制，一般无法承接施工图业务，工作内容容易流于概念化而无法落地，长期如此可能对青年建筑师的长远成长不利。民营企业的情况最为复杂，也拥有最多的可能性和活力。有的大型企业全面专业堪比大国企，也有寥寥十数人的明星事务所，薪酬和岗位都很灵活，虽然良莠不齐，但仔细找总能找到一个适合的。对于毕业生个人，提前几年就开始留意这些企业的情况和工作特点，最好做充分的调研，咨询已经工作的校友，有些还需要前往实习，等到毕业时才便于作出与自己的能力和志趣相投的选择。

（图：建筑师的技能树。从职业发展来说，可以分为艺术大师、技术专家、团队领袖三个方向。其中的各种知识技能非常复杂，有些交叉关系就不做表达，因为此图并非用来按图索骥，而是从整体上对建筑学的知识有个形象化的了解，内容可以参考，但不必拘泥与文字。值得一提的是人生经验对建筑师非常之重要：曾经漫步在校园和街道，游历过名山大川世界各地，见识过各种风土人情，打过短工上过贼当，搞过装修住过医院，谈过恋爱带过孩子，看过人情冷暖，经过生离死别……所有这些人生的经历都是建筑师的财富，会使你的建筑有血有肉。）

艺术大师

境界提升

当代艺术

工业设计

哲学思想

文本表达 全球视野 审美素养 历史智慧
地域建筑
地域文化

平面设计

建筑速写 手绘效果图 历史方法

常见建筑 各学科理论 中国现当代
类型设计

材料质感
细部积累
摄影 立面推敲 大师风格 西方古代
室内空间 大师理论
形体组合 经典名作 建筑创作理论 中国古代
文笔 功能布局
总体设计

绘画 知识管理 建筑思想 西方现代
水彩水粉 创意积累
素描 作品积累
资料积累

基本绘图 建筑常识

关联学科 设计技能 设计创意 理论知识 历史知识

设计理论

技术专家

熟能生巧

时代精神

环游世界 专业化特长
专攻建筑类型
专攻技术特长 经济核算
造价控制

社会现象 城市调研 施工图设计 工程配合
行业规则 材料做法
和潜规则 乡土民居 细部节点
基本构造 全专业配合 行政审批

风景名胜 结构水暖电
经济学基础 绿色环保
各种软件工具 消防安全

社会学基础 国内名建筑
国内建筑师 电脑制图

体验生活 实体模型 基本建筑规范
职工伦学 博物馆
人情冷暖 建筑物理

文物古迹 基本电脑绘图

宏观把握 实地调研 动手能力 技术设备 法律法规

工程与实践

团队领袖

人格魅力

全过程管理 信仰信念 社会网络
多方利益协调

项目全过程控制 锻炼身体
沟通管理部门
设计成果表达 长期团队
设计过程沟通 意志品质
理解说服业主 坚忍不拔
胸怀宽广
了解产业链 乐观稳健 自我进化
城市建设体制 不惧挫折 新知识
市场规律 新方法
新观念 终身伴侣
输出价值观

理解他人 人生规划
理解不同的文化
理解不同的价值观 集体活动
宗教性别等 终身思考
思考一切 同学交往
口才 了解自己

对外沟通 自我管理 团队合作

沟通与管理

LESSONONEON
ARCHITECTURE
四、实践建筑
LESSONONEON
ARCHITECTURE

建筑学终究是一门实践学科，亲力亲为至关重要。把实践放在最后，一方面是因为它的决定性价值，另一方面也因为这件事不太能在书面上说清楚。前面所说所有的理论学习的工作，和实践相比，最多也就是同等重要的关系。

　　做本科生的时候能多跑一些地方最好不过。虽然不像欧美学生有那么好的国际游历条件，国内也还是有很多可看的，尤其是古典建筑、乡土民居和风景园林。逐步的利用各个假期把国内跑一跑，比如国内的世界遗产，必定终身受益无穷。

1. 硬件准备

　　学好建筑学确实是要花钱的。自己要有电脑。一台数码相机也是必需的，好在现在都不贵了。胶片相机不要考虑，不是因为胶卷贵，而是因为拍摄数量太少而且整理很困难。另外就是速写本，不必要再准备其他笔记本，速写本能解决一切。资料的载体越简单，长期的资料整理和保存就越方便。

　　最重要的硬件是锻炼身体，特别是群体性的体育运动，还能有利于提高团队协作的能力，体育运动本身也是人类社会最重要的生活经验之一。如果能健康活到 90 岁以上的话，对建筑师来说真是一个极大的优势。

2. 参观调研

　　每一次外出参观调研，相机和速写本都需要。摄影是建筑学的基本技能。对于学过绘画的人来说，摄影会很容易上手。建筑师的整个职业生涯，都离不开相机。拍好照片不但能积累资料，也能加深对建筑的理解。有些建筑师会认为自己的建筑摄影作品比职业摄影师拍得更加好，我相信是很有道理的。拍照不要怕多，这在数码时代不那么难了。不过即便这样，每次调研回家以后也常会发现拍得不够多。所以，视钱包和硬件设备情况尽量多拍吧。

　　旅行途中务必携带速写本，现场手绘速写对建筑的理解远胜单纯拍照，当然时间成本更高。尽可能量力而行吧，你会发现花费的时间精力是绝对值得到。建筑大师们很多热衷于速写，虽然他们并不见得画得多么好。年轻的柯布西耶在雅典旅行时的速写[1]还不是一般的难看：）！但画得好坏与否决不妨碍你从现场速写中受益，重要的是动手去画。

---

[1] 柯布西耶. 东方游记. 上海：上海人民出版社，2007. 他24岁时写的第一本书，也是他临终时再版的最后一本书，推荐新人阅读。

具体的参观调研对象多种多样，视时间和财力而定。中国现有世界遗产近四十处，遍布全国，绝大多数与建筑学相关，把这些看下来就已经很多了。同时值得关注的是一些历史文化名城的整体风貌，而不是具体的景点和建筑，对于城市设计和规划具有重要的意义。江南古镇、徽州村落、福建土楼、桂北村寨这些各地独特的民居群落对建筑设计和文化研究具有极强的启发性，虽然有些位置偏远难于到达，也值得专程前往；而名山大川则与景观园林设计密切相关，"外师造化，中得心源"，自然风景从来就是中国文化的关键来源，建筑师当然也不能错过。

　　随着国情的改善，出国旅行也成为可能。当然事先要做足专业上的准备，查好资料，而不能只是走马观花。如果年轻时能够去欧洲、埃及、印度这些历史文化积淀深厚的地区自助旅行，和同样年轻的伙伴们徒步在异域的街道和山野中背着包寻找，趁着对建筑充满热情和好奇的青年时代，去亲眼看一看那些历史书上写过的建筑杰作，这会给你一生都留下美好的回忆。

　　（图：意大利小镇阿尔贝罗贝罗。）

ALBEROBELLO. BARI. ITALY. YM. 2003.10.6

3. 自主实践：竞赛、私活与个人研究

　　虽然本科教学的设计课已经带有明确实践导向，但学生仍然可以通过个人努力参与更多的自主实践。

　　竞赛：从学生概念竞赛到重大工程方案投标，设计竞赛一直是建筑学最重要的机会之一。概念竞赛虽然离现实比较远，但是有利于锻炼头脑，拓展思路，是学生时代最好的实践机会。国内外建筑期刊和专业组织都会举办一些有趣的概念竞赛，酌情参加其中一些，并且经常看看世界各地的同龄人如何思考和解决建筑上的问题，会很有收获。

　　私活：勤工俭学是大学生不能错过的人生阅历。比起其他专业经常从事的家教、服务类的勤工俭学活动，建筑系确实有自己的优势，可以通过专业技能挣钱，也就是常说的私活。当然前提是不能因此影响到课业学习，不能沉迷于用这种方式挣钱。在此前提下，如果能有师兄师姐或是好的

老师带着接触一些实际的项目，从中可以学到一些只有实战中才能学到的专业技能，扩展交往的范围，挣到钱还可以用来去各处旅行和调研，特别是对于有志于未来从事建筑创作实践的同学，确实是很好的事情。

　　个人研究：发现问题—查阅资料—实地调研—分析问题—得出结论－撰写论文，大处着眼小处着手……科学研究很像做侦探，现实并不会主动告诉你答案，你需要从种种蛛丝马迹中找到线索，根据已有的材料大胆假设，小心求证，最后发现表象背后的逻辑。学术研究的方法其实并不神秘，一些教育发达的国家甚至从小学就开始类似的创新教育，让学生熟悉科学工作者研究问题的基本程序和方法，这并不是研究生的专利。不管是课程中发现的兴趣点，还是身边所见所闻，或是有所疑问的新闻时尚，均不妨以学术研究的方法和态度加以研究。

对于有志于理论研究的同学，其实只要多看一些期刊和学位论文，大体的路数就不难了解。学术研究真正的难点还是在大量积累资料，深入调查实践，以及长期踏实的工作，而这些从最初的几年就已经可以开始入手了。这些早期的个人研究虽然也许并不具有明显的学术价值，却是个人积累的第一步，也是培养专业兴趣、研究习惯和思考能力的手段。研究的成果可以放在网上和大家分享，点滴积累，一旦发现其中的乐趣，研究也就水到渠成。

（图：黄山华艺苑工地。由于建筑物的巨大体量，当亲眼看到自己曾经在图纸上描绘的建筑成为真实，那种快乐和震撼是无法用言语表达的。这也是建筑设计区别于一般艺术的重大区别之一。）

4. 如何面对信息时代的建筑学的未来

我们这一代人所面对的最大挑战与机会，就是我们生长于刚刚开始的信息时代。这是一个虽然才开始几十年，但已可以与石器时代、铁器时代、蒸汽时代并列的新时代。相对人生的短短几十年，能赶上这样一个数百年才有一次的大变革，不能不说是一代人的机遇。

从个人体验来看，信息时代最大的特点是信息资料变得极容易搜索取得，并可大量存放于个人电脑或者网络存储空间，通过官方网页、博客、QQ、MSN、Facebook、Twitter 等等不断翻新的互联网工具，几乎可以联系到全球任意角落的每一个人。过去曾经横亘在每个人面前的资源门槛：庞大的图书馆，昂贵的原版书，最新的外文期刊，一票难求的大师演讲，明星建筑师事务所的官方信息，专家学者们的深入研究，专业人士的网上辩论，一切似乎都已尽在掌握。

　　然而，即便如此，当新生面对空白的草图纸或是显示器，对设计的困扰恐怕并未减少，反而更多。当信息不但充沛，而且泛滥之后，对建筑学的学习提出了新的挑战。早年只要抄一抄国外新流行的形式就可以吓唬很多人的时代一去不复返了。不只是建筑系师生，连开发商、政府官员甚至普通的民众，恨不得每个人都已经被媒体轰炸到审美疲劳。单单一个世博会，就让全国人民看惯了千奇百怪的建筑形式。面对这样一个时代，建筑学要怎么学，怎么做？

我想面对这个信息时代，有些东西已经贬值，但还有些东西更显珍贵。

（1）当信息泛滥，那些不能够通过搜索和简单阅读而获得的基本功和修养愈显可贵。那些依靠死记硬背的知识的价值在明显降低，有些能力如徒手草图，对线条／色彩／材质／光影／形体的深度理解和敏锐感知，对尺度／分寸／虚实／疏密的把握，甚至是一笔好字，都在信息时代因为更加稀缺而珍贵。但凡这些需要长时间练习才能获得的、并且很难被图文简单传达和掌握的、只可意会不可言传的技能和修养以及创新的能力，特别值得我们从一开始就坚持不懈地投入时间。

（2）对知识框架和研究方法的整体把握。所谓纲举目张，解决问题的方法总是千变万化，是很难通过搜索知识点得到的。相反，零碎的知识越多，

人越容易被迷惑，越需要宏观上的控制力。面对复杂问题，只有在建立了较为完整的知识框架后，才能够将具体的知识有效组织成完整思路，进而解决问题。所以我建议在初学期多读宏观概论性的书籍，多积累整体思路和方法。而具体的知识点，可以不必花太多时间记忆，只需大概了解并囤积起来，需要时通过搜索网络或者日常积累的资料来解决。这是信息时代才具备的条件，而如李敖那样收集大量纸质书籍，进行大量剪贴分类工作的做法，已经属于上一个时代了。简而言之，通过充分利用电脑和互联网，使我们具有了处理更大量信息、解决更复杂问题的可能性；相应的，除了要熟练掌握信息搜索和管理的技能之外，我们也必须充分改善自己大脑里的知识结构和方法积累，使之更适应信息化的思维模式。

（3）方向／立场的选择与进化。当信息泛滥，选择而不是获取显得更为重要。大学阶段的时间是比较自由的，但比起海量知识那也是沧海一粟，学什么不学什么，走怎么样的知识和技能路线，这不但取决于学校的教学要求，也要看未来行业发展，还要看自己的兴趣和志向。各人的选择必然是多种多样，但预先做好调查研究和学习规划是没有疑问的。要避免盲从，也要避免偏执。尽可能多的掌握相关的资讯，咨询多方面的意见，做客观而审慎的判断。特别是要注意，人生必然随时代而发展，不要给别人或者自己随意贴上固定的标签，而是保持开放和实事求是的态度，持续而稳定的进化自己。把握立场和方向并不是这个时代的新问题，但在这个信息爆炸、诱惑和机会都特别多的时代，这个问题显得尤为重要，所以单独提出。

（图：苏州西园寺后院。在调研期间曾有缘在苏州西园寺小住。当静坐在这样的庭院里，会感到外面繁华世界其实转瞬即逝，并不是真正值得追逐的东西。）

西园寺画图 07.8.15

LESSONONEON
ARCHITECTURE

五、基本书目

LESSONONEON
ARCHITECTURE

因为互联网，我们可以很方便地从超星图书馆、中国知网等各种网站获得或免费或收费的资源，但对于一些关键性的书籍仍然推荐购买实体书，反复阅读并做笔记。而互联网带给我们的便利不仅是容易获得那些以前不好找的书，更重要的是我们可以通过搜索，随时对其中感兴趣或者困惑的章节和概念进行深入扩展阅读，而不必怀揣疑问满图书馆翻箱倒柜却往往一无所得。这种超链接的形式改变了我们的阅读模式，给予阅读和思考极大的自由度。即使只是手持一本纸质的书，你看的也不仅仅是一本书，而是通过这本书进入到整个人类知识网络的一个节点，包括相似的／诠释的／后续的／支持的／反对的……与之相关的信息，甚至还包括这背后的无数的人。而过去我们只能通过作者的注释书目以及文中的蛛丝马迹去顺藤摸瓜寻找疑问的答案。

一本提纲挈领的好书这时将指示给我们一个庞大知识区域的有效结构和正确方向。

1. 哲学宗教科学

· 罗兰 · 斯特龙伯格《西方现代思想史》

　　这是一部纲领性的好书，虽然并不是无可替代的，却是国内出版的目前最合适的书，值得全文阅读。常常会有人说有些理论看不懂，其实很多时候看不懂只是因为没有读过这些理论之前的铺垫。就像看电视剧从中间看起，当然会搞不清剧情。学术著作常常是默认读者具有相当的理论知识背景的，没有读过这些基本的理论书就会看不懂。而这本思想史的介绍相当全面，日常遇到的大部分理论问题都可以在这里找到其源头脉络，包括很多建筑理论问题也可以在这里找到自己的位置。

- 冯友兰《中国哲学史》

这本哲学史有些老了，但好在要写的对象更老。中国哲学其实是很生动活泼的，以哲学史的形式压缩以后其实失色不少，所以只推荐做目录性阅读，而通过它了解到的一些特别有意思的哲学思想比如老庄和禅宗，都值得单独找书来看。

- 罗森堡《科学哲学》

这一本也并非是特别独特无可替代，但是已经足够好。虽然科学的字眼无处不在，但是科学的真正含义并不那么想当然，也并非那么绝对。书写得很本质，很客观，很实事求是，值得仔细阅读。

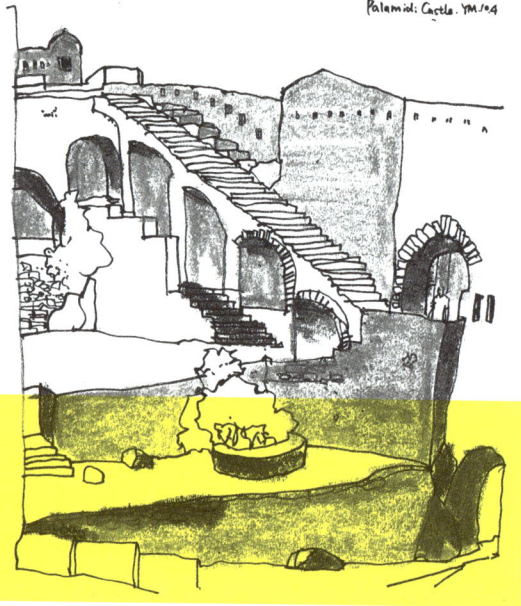

NAFPLION. Greece 2003
Palamidi Castle. YM/04

2. 社会学

·费孝通《乡土中国·生育制度》

费老是我国社会学的先驱之一，此书作为社会学的入门书籍，成书很早，但写得极好，思路清晰，文字朴素优美，思想深刻精辟，内容小中见大，窥一斑而见全豹，让人对社会学内在的理性力量感到震撼，社会学的研究方法跃然纸上。值得仔细反复阅读。考虑到社会学是每个人日常都能接触的学问，这种具体案例的书籍会比宏观概论更有启发性和说服力。

·鲍德里亚《消费社会》

此书不但非常深刻，而且篇幅短小，文字虽有些晦涩，但仍然不失为透视当代社会本质的利器，值得精读。

子陶寺画 吴门桥 9.八六 苏州盘门

3. 艺术

· 宗白华《美学散步》+ 朱光潜《西方美学史》+ 叶朗《中国美学史大纲》

宗白华和朱光潜，两位美学大师同年生，同年死，同为中国现代美学的泰斗，也是异数。宗白华的《美学散步》是散文式的，充满诗意的灵性，深刻而富有启发性，值得反复揣摩；朱光潜的《西方美学史》是提纲挈领的大部头，读起来不那么容易，可作目录式的了解。同样叶朗的《中国美学史大纲》也主要起目录引导的作用，顺着目录去找些感兴趣的中国美学和艺术的原文真正研读才是目的。

· 李泽厚《美的历程》

本书深入浅出，读起来十分畅快淋漓，或者其观点方法略带强迫，但整书不失为极佳的中国美学史入门读物，甚至其文笔本身，也堪称艺术。值得精读。

· 德比奇《西方美术史》+ 陈师曾《中国绘画史》

这两本也是做目录引导之用，书很不错，不是不可替代，但都比较易读。对于美术史，更重要的是了解了大概之后，去仔细品味那些鲜活的艺术作品本身。

4. 历史

· 柏杨《中国人史纲》+ 黄仁宇《中国大历史》

中国历史汗牛充栋，柏杨的这本是特别简练而又有趣的版本，值得一读。而黄仁宇作为专业的历史学者其高屋建瓴的史学方法特别适合初学者理解和把握。其观点有值得商榷之处，看过了自然明了。

· 布罗代尔《文明史纲》

世界历史由于内容过多，往往十分难读。但这一本不但够经典，而且够精炼，对宏大的人类历史进行了归纳提炼，有学者认为他是黄仁宇的学术思想来源之一。我想这种大历史方法总是适合新人上手，而且特别合适建筑学的需要，因而推荐阅读。

· 吴思《潜规则》+《血酬定律》

吴思的这两本书是姊妹篇，篇幅不大但文笔风趣内容新鲜，因为其深刻和极适用于当代社会，所以不得不推荐深入阅读并搜索相关评论。

5. 建筑

· 梁思成《中国建筑史》

中国建筑史有若干版本，最权威的无疑是近年出版的五卷本《中国古代建筑史》，但最适合新手阅读的无疑是这本。更为重要的是此书背后的前因后果，老一辈建筑史先驱者的那些往事。推荐读后进一步拓展阅读相关的人与事。

· 计成《园冶》

中国古代专门的建筑文献并不多，园林类的更少。陈植先生注释的这本园冶更是精华中的精华，连同书中文字本身也是极好的文学作品，推荐置于手边常常翻看。

· 克鲁夫特《建筑理论史》

这本书真的很艰涩，连作者自己也说并不是供一般阅读而是供查阅使用。但推荐先行快速浏览一遍，以形成初步概念，方便以后以此为索引进行后续阅读。

· 柯林斯《现代建筑设计思想的演变》

相对于很多本艰涩的现代建筑史，这一本出人意料的简明扼要，逻辑清晰，不但可以当作建筑史来读，还可以当作建筑理论来用，非常推荐阅读。

· 亚历山大《建筑的永恒之道》+《模式语言》

这两本也是姊妹篇，永恒之道一书才华横溢，令人备受鼓舞，充满理想主义的气质；而模式语言则务实而细致，充满现实的说服力。两本书都已写成多年，但至今读来仍然历久弥新，闪耀着理性和激情的双重光辉。值得反复阅读。

· 芒福德 《城市发展史：起源、演变和前景》

本书有如一部史诗激情澎湃，从远古到现代一气呵成，叙事宏大但观点依然鲜明完整，虽然落笔于西方文明但胸怀全球城市，是一本绕不过的巨著。

其他专业的书目力求精简，但建筑学作为主业，虽然这里只推荐最基本的几本，但是很多经典名著对于建筑学子来说，都是需要地毯式逐一阅读的，这里不再赘述。

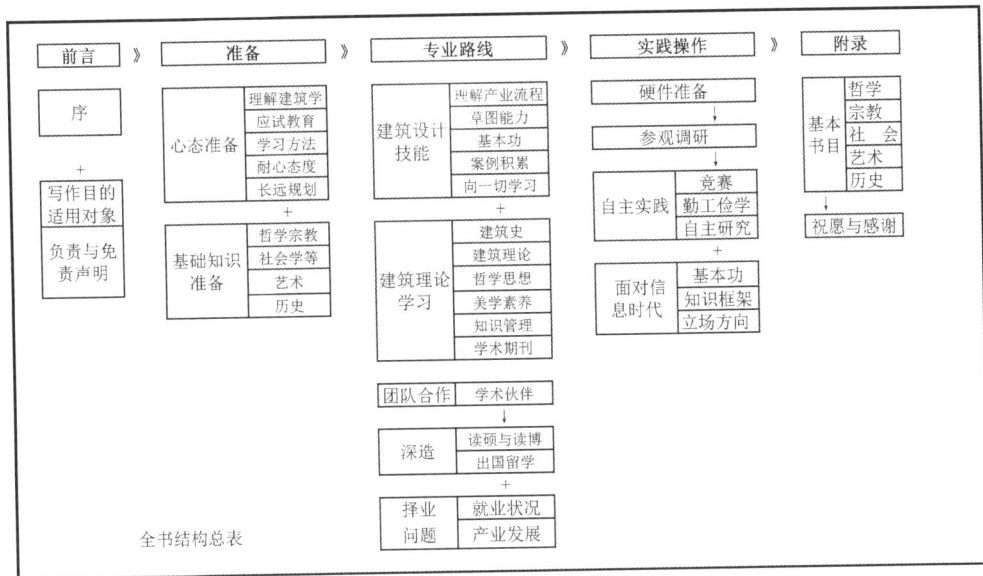

前言 》	准备 》	专业路线 》	实践操作 》	附录

前言

序

+

写作目的
适用对象

负责与免
责声明

准备

心态准备
- 理解建筑学
- 应试教育
- 学习方法
- 耐心态度
- 长远规划

+

基础知识
准备
- 哲学宗教
- 社会学等
- 艺术
- 历史

专业路线

建筑设计
技能
- 理解产业流程
- 单图能力
- 基本功
- 案例积累
- 向一切学习

建筑理论
学习
- 建筑史
- 建筑理论
- 哲学思想
- 美学素养
- 知识管理
- 学术期刊

团队合作 | 学术伙伴

深造
- 读硕与读博
- 出国留学

+

择业
问题
- 就业状况
- 产业发展

实践操作

硬件准备

参观调研

自主实践
- 竞赛
- 勤工俭学
- 自主研究

+

面对信
息时代
- 基本功
- 知识框架
- 立场方向

附录

基本
书目
- 哲学
- 宗教
- 社　会
- 艺术
- 历史

祝愿与感谢

全书结构总表

117

感谢与祝愿

如果说建筑学的领域里有绝世武功存在的话，那有很多书就是这些绝世武功的秘笈。可是这些秘笈太多了，不得不需要一些绝世武功秘笈的目录来引导大家去搜寻秘笈。而本书，连绝世武功秘笈的目录也不算——充其量，算是绝世武功秘笈的目录的目录吧。

从 2002 年作为博士生助教进行本科生教学开始，我就困扰于建筑教育的问题，教学生，也教自己。于是开始动手写一点教学心得，却发现实非易事。直到 2006 年开始撰写自己的博士论文，有了一定的阅读基础，接触建筑学也已有十年，才开始能够理清来龙去脉，找到问题所在。文章后来贴在校园论坛和我的博客上，反响还不错，陆陆续续至今还有网友留言，让我也颇感欣慰。一转眼又是四年过去了，我曾经的版本更新计划几乎要被遗忘，却承蒙中国建筑工业出版社的陈桦编辑青眼有加，愿以纸质书出版，十分感谢，于是又重新修改，增补了近几年从业心得，也算了却一桩心愿。

　　入行十多年来，我从没忘记初窥建筑学辉煌殿堂时的激动和热情，以及后来路上的彷徨和迷惘。是师长、朋友、家人和书中先贤们的智慧与鼓励支持我一路前行。如今将这些智慧与鼓励与我自己的心得感触一并与读者分享，希望能为建筑学术的薪火相传尽绵薄之力，也希望每一个读过此书的读者能找到自己的建筑之路。

袁牧

2003 ～ 2011

清华园～上海滩

图书在版编目(CIP)数据

建筑第一课——建筑学新生专业入门指南／袁牧著. —北京：中国建筑工业出版社，2011.1（2022.11 重印）
ISBN 978-7-112-12787-0

Ⅰ.①建… Ⅱ.①袁… Ⅲ.①建筑学-基本知识 Ⅳ.①TU

中国版本图书馆CIP数据核字（2010）第262312号

责任编辑：陈　桦
整体设计：付金红
责任校对：陈晶晶　姜小莲

建筑第一课——建筑学新生专业入门指南
袁牧　著
＊
中国建筑工业出版社出版、发行（北京西郊百万庄）
各地新华书店、建筑书店经销
北京方舟正佳图文设计有限公司制版
北京云浩印刷有限责任公司印刷
＊
开本：787×1092 毫米　横 1/32　印张：3¾　字数：84 千字
2011 年 8 月第一版　2022 年 11 月第十二次印刷
定价：16.00 元
ISBN 978－7－112－12787－0
（32374）